¿También tienen sentimientos

sentimientos

los animales?

Textos de David L. Rice
Ilustraciones de Trudy Calvert

EDICIONES OBELISCO

Dedicatorias

A Venita, la persona más compasiva que conozco.
DAVID RICE

Humildemente dedico este libro a cada una de las personas que me animaron a
proseguir mis inclinaciones artísticas, con todo mi agradecimiento;
a todas y cada una de las criaturas de la Tierra, grandes o pequeñas,
con mi bendición; y a Dios creador con mis alabanzas.
TRUDY CALVERT

Título original:
Do Animals Have Feelings Too?
David L. Rice y Trudy Calvert (ilustraciones)

1ª edición: Mayo de 2002

Traducido por *Carlos Martínez Rueda*
Ilustraciones de *Trudy Calvert*

Publicado por acuerdo con Dawn Publications

Edita: Ediciones Obelisco, S.L.
Pere IV, 78 (Edif. Pedro IV) 4ª planta 5ª puerta.
08005 Barcelona – España Tel. (93) 309 85 25 Fax (93) 309 85 23

Castillo, 540, Tel. y Fax 541-14-771 43 82 1414 Buenos Aires (Argentina)

E-mail: obelisco@airtel.net

Depósito Legal: B-15.629-2002
ISBN: 84-7720-931-6

Printed in Spain
Impreso en España en los talleres de Fàbrica Gràfica,
Arquímedes, 19 Sant Adrià de besós (Barcelona)

Puede consultar nuestro catálogo en:
http://www.edicionesobelisco.com

LIBROS PARA CRECER

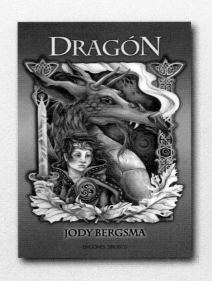

¿Tienen sentimientos los animales? Hasta hace poco los científicos estaban convencidos de que no. Pensaban que todos los animales se comportaban según su instinto, y que la mayoría de ellos no sentía ni alegrías, ni tristezas, ni disfrutaba su vida.

Muchos científicos están ahora cambiando de opinión.

Una de las maneras de conocer a los animales es observarlos de cerca durante un largo período de tiempo. Aquí te contamos algunas historias reales que quizá te demuestren que los animales también tienen sentimientos, similares a los humanos. O quizá sean sólo ejemplos de comportamiento instintivo. ¿A ti qué te parece?

Compasión

La compasión es un sentimiento de simpatía por los que se sienten tristes o tienen algún problema.

- Un viajero por África observó horrorizado cómo un cocodrilo del Nilo atrapaba con sus imponentes mandíbulas un pequeño antílope por las patas traseras y lo arrastraba hacia el río. De repente, un hipopótamo atacó al cocodrilo. El cocodrilo soltó al antílope y rápidamente se alejó nadando. El hipopótamo llevó con suavidad al antílope herido a la orilla del río, lo ayudó y protegió hasta que el antílope murió a causa de las heridas.

- Un criador de bisontes estaba alimentándolos un día cuando una manada de perros salvajes se le aproximó para atacarlo. Los bisontes formaron un círculo alrededor del hombre para protegerlo. Los bisontes también protegen así a sus propias crías.

- Un pájaro herido cayó dentro de una jaula de chimpancés en un zoológico de Suiza. Los trabajadores del zoológico esperaban que los chimpancés se comieran el pajarillo, porque normalmente comen pequeños animales. En cambio, los chimpancés recogieron al pajarillo, se lo fueron pasando de uno a otro con gran suavidad y se lo dieron a uno de los trabajadores del zoológico.

- Otro chimpancé saltó una valla y se adentró en un río para salvar un bebé chimpancé que había caído al agua y se estaba ahogando. Los chimpancés no se conocían entre sí.

- Un árbitro de Tejas quedó sorprendido cuando vio que un grajo azul estaba alimentando otro grajo adulto, algo que jamás hacen los grajos. Al observar de cerca vio que el grajo que era alimentado tenía el pico roto y no podía alimentarse solo.

- Una pareja estaba conduciendo a través de una zona salvaje de África cuando su coche se estropeó. Al salir del coche escucharon un gemido que procedía del otro lado de una colina próxima. Después vieron cómo un pequeño antílope guiaba hacia un manantial a un ñu mucho más grande que él. El ñu grande tenía los ojos hinchados y cerrados debido a una picadura de serpiente y tenía un enorme dolor. Cada vez que el animal más grande se equivocaba de camino, el pequeño suavemente le tocaba el cuello para guiarlo en la dirección correcta.

Y tú ¿qué experiencias tienes? ¿Has observado alguna vez animales comportándose con compasión hacia seres humanos o hacia otros animales?

¿Y tú mismo? Explica alguna situación en la que hayas sentido compasión por una persona o un animal. ¿Qué hiciste para demostrar tu compasión? ¿Cómo te sentiste después de haberlos ayudado?

Una joven pareja de Chicago decidió llevar a su hijo de tres años al zoológico de Brookfield a pasar el día. En un momento en que sus padres no estaban mirando, el activo niño se encaramó a una baranda y cayó al foso de los gorilas, golpeándose la cabeza. Mientras el niño permanecía herido e inconsciente en el suelo, se acercó una madre gorila llamada *Binti* y lo tomó en sus brazos. *Binti* lo depositó con gran suavidad en la puerta del foso, donde los cuidadores del zoológico pudieran rescatarlo. Rápidamente llevaron al niño a un hospital, todavía inconsciente, donde se recuperó totalmente al cabo de cuatro días. Si no hubiera sido por *Binti*, el niño no habría tenido tanta suerte. Miles de personas han visitado después el zoológico de Brookfield para conocer a la gorila compasiva.

Un joven ganso del Canadá, que viajaba con su bandada hacia el Sur, fue herido en un ala por un cazador. Cayó a tierra entre unos arbustos. Varios días después, cuando el ganso estaba prácticamente muerto, un granjero lo encontró y lo cuidó hasta que se recuperó. El granjero tenía algunas gansas domesticadas. El ganso no les hacía ni caso, sino que se fijó en una gansa de una granja vecina. El granjero compró la gansa a su vecino y desde entónces la feliz pareja estaba siempre junta. El otoño siguiente, bandadas de gansos salvajes pasaron de nuevo camino del Sur, graznando ruidosamente. El ganso, incapaz de resistir la llamada de lo salvaje, voló y se unió a una de las bandadas, dejando a su pareja atrás. La gansa quedó tan desconsolada que se negó a comer o a ir al lago con el resto de los gansos. Tres días después, el ganso regresó. Su lealtad a su pareja era más fuerte que su instinto de volar hacia el Sur. Los dos gansos pasaron el año juntos y tuvieron crías. Un día, el otoño siguiente, la gansa murió de un accidente. Durante cuatro horas el ganso estuvo sentado con su largo cuello sobre el cuerpo de ella. Al día siguiente una bandada de gansos salvajes voló por encima en su destino hacia el Sur. El ganso despegó para unirse a ellos y nunca jamás regresó.

Fidelidad

Ser fiel a alguien significa ser su amigo, incluso cuando sería más fácil no serlo.

- Una manada de orcas se encontraba en una zona de aguas poco profundas. Una de ellas estaba herida de gravedad y no podía nadar hacia aguas más profundas. El resto de las orcas se negaban a abandonar la zona y formaban un círculo protector alrededor de la orca herida. Los guardacostas norteamericanos intentaron dirigirlas hacia aguas profundas por el temor de que se quedaran atrapadas cuando bajara la marea. Pero la manada se negaba a abandonar a su compañera herida. Sólo cuando su compañera murió se dirigieron todas mar adentro.

- Una pareja de cisnes pararon a pasar la noche en el río Detroit en su viaje migratorio hacia el Sur. Durante la noche, el río se heló y la hembra quedó atrapada en el hielo. El macho no estaba dispuesto a abandonar a su compañera, aunque él sí pudo librarse de los hielos. Después de unos días la hembra pudo ser liberada. Estaba enferma y muy débil. A sus cuidadores les costó todo un mes que se recuperara completamente. El macho permaneció cerca del río helado, esperando a su pareja. Cuando la hembra finalmente pudo volar, los dos se saludaron alegres y emprendieron vuelo hacia el Sur. Los cisnes son unos animales que, como muchos otros, se emparejan para toda la vida.

- Los tarseros, una especie de mono con grandes ojos y largas colas, también se emparejan para toda la vida. Cuando un tarsero es capturado, su pareja se deja también atrapar.

- Cuando una ballena resulta herida, el resto de las ballenas de su manada jamás la abandona hasta que muere o está recuperada para seguirlas. Antes de que la caza de la ballena fuera prohibida, los cazadores de ballenas algunas veces herían a una ballena y la dejaban en el agua. Cuando sus compañeras se acercaban para ayudarla los cazadores las mataban a todas.

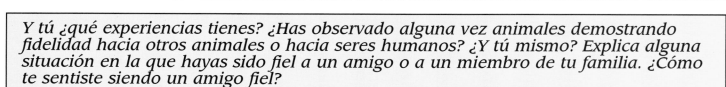

Y tú ¿qué experiencias tienes? ¿Has observado alguna vez animales demostrando fidelidad hacia otros animales o hacia seres humanos? ¿Y tú mismo? Explica alguna situación en la que hayas sido fiel a un amigo o a un miembro de tu familia. ¿Cómo te sentiste siendo un amigo fiel?

Pena

Apenarse significa sentirse mal y triste cuando pierdes algo o alguien que quieres.

- Cuando la mamá de un chimpancé de ocho años murió, el pequeño se quedó durante horas sentado junto a su cadáver. No tenía ningún interés en jugar o comer. Tres días después, se subió a un árbol y se quedó mirando al lugar donde él y su mamá solían dormir. Un mes más tarde, el pequeño murió, quizá con el corazón roto.

- Cada bandada de cuervos tiene un líder. Ser el cuervo jefe es un puesto importante, parecido a ser el alcalde de una ciudad. Cuando la compañera de un cuervo jefe murió, él perdió todo interés en seguir siendo el líder. Se quedaba durante días sin comer, separado del resto. Cuando un cuervo más joven le desafió para convertirse en nuevo jefe, el apenado cuervo cedió su liderazgo sin ninguna lucha.

- Dos delfines habían estado juntos durante años como amigos. Se tocaban con sus aletas con frecuencia mientras nadaban. Cuando uno murió repentinamente, el otro se negó a comer y nadó sin rumbo con los ojos cerrados totalmente.

- Cuando *Rex*, un chimpancé macho murió al caer por un barranco, todos los miembros de su grupo se quedaron muy tristes. Chillaban, se abrazaban entre ellos y tiraban piedras. Pasaron varias horas mirando con gran pena el cuerpo de su compañero muerto.

- En Italia, una elefanta llamada *Sandra* y su adiestrador habían estado juntos muchos años. Un día el adiestrador se casó y empezó a pasar menos tiempo junto a *Sandra*. Y así *Sandra* dejó de comer, se deprimió totalmente y al poco tiempo murió.

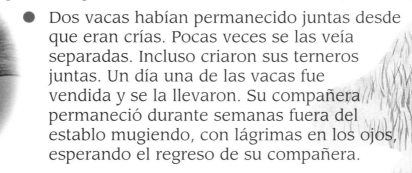

- Dos vacas habían permanecido juntas desde que eran crías. Pocas veces se las veía separadas. Incluso criaron sus terneros juntas. Un día una de las vacas fue vendida y se la llevaron. Su compañera permaneció durante semanas fuera del establo mugiendo, con lágrimas en los ojos, esperando el regreso de su compañera.

Y tú ¿que experiencias tienes? ¿Has observado alguna vez animales demostrando su pena? ¿Cómo demostraban su pena?

¿Y tú mismo? Explica alguna vez que hayas perdido algo o a alguien que querías y sentiste pena por ello.

Cuando un miembro de una familia de elefantes muere, la manada a veces se detiene y forma un círculo alrededor de él. Le dan golpecitos con su trompa, arrancan ramas o trozos de matorral y los ponen alrededor del cuerpo. También han sido observados formando un círculo alrededor del cadáver mirando hacia fuera, como si no pudieran soportar ver a su compañero muerto. Los elefantes son capaces de reconocer los huesos de sus familiares. Los huelen, les dan la vuelta varias veces y los tocan con la trompa. Una manada se tropezó con la mandíbula de un antiguo miembro de la familia. Después de examinarlo detenidamente, como recordando viejos tiempos, siguieron su camino. Pero la joven cría del elefante muerto permaneció allí durante horas, tocando y moviendo la mandíbula de su madre. Otro joven elefante solía visitar el esqueleto de su madre cada vez que pasaba por la zona, de la misma manera que los seres humanos visitamos la tumba de los seres queridos.

Falsedad

Ser falso quiere decir intentar engañar a alguien haciéndole creer que algo es verdad cuando no lo es.

- Cuando los babuinos quieren advertir a sus compañeros de algún problema, giran rápidamente sus cabezas y se quedan mirando hacia el lugar de donde procede el peligro. Un día un joven babuino fue atacado por un miembro de su grupo, más grande y viejo que él. Los gritos del joven babuino atrajeron a varios babuinos que se acercaron corriendo. El atacante, para evitar que le pegaran, giró rápidamente su cabeza y miró a lo lejos, como si hubiera algún peligro imaginario. Los demás babuinos, creyendo que realmente había un peligro real, se detuvieron y otearon el horizonte, dispuestos a luchar o a salir corriendo. Mientras los demás intentaban localizar la supuesta amenaza, el causante del lío se escabulló librándose del castigo.

- Un joven castor se presentó tarde a la hora de comer. No quedaba lugar para él alrededor de la comida. De repente, golpeó el suelo con la cola con todas sus fuerzas, que es el modo de los castores de anunciar la presencia de un peligro. Inmediatamente toda la familia se metió en la guarida más cercana. El joven castor se aproximó y comenzó a comer.

- Muchas aves que construyen sus nidos sobre el suelo, como las codornices y los faisanes, engañan a sus enemigos para proteger a sus crías. Si se acerca un zorro, la madre se aleja del nido batiendo una de sus alas, fingiendo que está herida. El zorro la sigue, creyendo ver una presa fácil. Cuando la madre ha conseguido alejar lo suficiente al zorro del nido, extiende sus alas y levanta vuelo.

- El cuidador de un zoológico encargado de los gorilas observó que uno de ellos tenía un brazo atrapado entre las barras de la jaula, y que estaba intentando soltarse desesperadamente. El cuidador corrió hacia la parte de atrás del edificio para entrar en la jaula y ayudar al gorila. Mientras tanto, el gorila soltó el brazo sin ningún problema y se escondió detrás de la puerta. Cuando el guarda entró en la jaula, el gorila lo agarró por detrás. Era su manera de gastarle una broma.

Y tú ¿qué crees? ¿Cuál de estos animales sabía realmente lo que estaba haciendo y cuál de ellos actuaba simplemente por instinto?

¿Cuál es tu experiencia? ¿Alguna vez ha tratado de engañarte un animal, o has visto que intentara engañar a otro animal?

Los perros de las praderas viven en "ciudades" y están siempre alerta por si hay algún peligro. Cuando detectan un coyote lanzan un sonoro aviso y se esconden en sus madrigueras. En ocasiones dos coyotes se asocian para engañar a los perros de las praderas. Uno de los coyotes se aproxima a la "ciudad" de los perros de las praderas y provoca que se escondan en sus madrigueras. Mientras están escondidos bajo tierra, el segundo coyote se aproxima y se oculta. El primer coyote pasa por la entrada de las madrigueras, aparentemente abandona y se va. Cuando se encuentra ya lejos, los perros de las praderas creen que el peligro ha pasado definitivamente. Uno de ellos lanza la señal de "no hay peligro" y todos salen de sus guaridas. El segundo coyote sale entonces de su escondite y atrapa el alimento para su manada de astutos coyotes.

Las parejas de águilas americanas hacen turnos de 35 días sentados sobre sus huevos hasta que nacen los polluelos. Los aguiluchos son diminutos y requieren muchos cuidados y enseñanzas. Al principio, los padres ponen el alimento directamente en el pico de los aguiluchos. Cuando son un poco más mayores, los padres traen trozos de pescado que los aguiluchos deben comer por su cuenta. Al final las águilas traen peces enteros y enseñan a los aguiluchos a despedazarlos en pequeños trozos. También enseñan a los aguiluchos a fortalecer los músculos de sus alas dando saltos arriba y abajo y agitando sus alas cada día. Igualmente obligan a los aguiluchos a coger con fuerza palos con sus picos y sus garras. Cuando llega el momento del primer vuelo las águilas provocan que los aguiluchos salten fuera del nido colocando trozos de comida fuera de su alcance. Cuando regresan de su primer vuelo, los padres les premian con comida.

Amor de padres

El afecto paternal es el amor y la dedicación que los padres dan a sus hijos, alimentándolos, protegiéndolos, ayudándolos y educándolos.

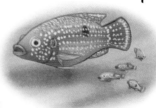

- Los peces joya son una de las pocas especies de peces que cuidan de sus crías. Los retoños siguen a su madre de igual modo que los pollitos siguen a la gallina. Al anochecer, el padre prepara un nido en la arena para los pequeños. La madre llama a las crías moviendo sus aletas de colores. Si alguno de ellos no sigue la llamada el padre busca a los remolones, se los mete en su boca y los deposita en sus camitas.

- Una vez, una cigüeña madre estaba criando a sus retoños en un nido encima de un edificio de Dinamarca. El edificio se incendió pero ella se negó a abandonar a sus crías. Cuando el fuego se fue acercando, cubrió a las crías para protegerlas y agitó sus alas con fuerza para alejar el humo. Cuando finalmente consiguieron apagar el fuego, la cigüeña estaba cubierta de humo y cenizas, pero sus crías estaban a salvo.

- En Uganda, un joven elefante estaba caminando demasiado cerca de la empinada orilla de un río. La tierra de la orilla no aguantó el peso del elefante y éste cayó al río. Después de ser rescatado por dos "tías" elefantas, su madre llegó corriendo. Colocó al pequeño elefante a su lado, lanzó preocupados sonidos maternales, y repasó todo el cuerpo del retoño con su trompa. Después de asegurarse de que no estaba herido, la mamá elefanta dio un cachete a su criatura y lo empujó lejos del río.

- Las cabras monteses habitan en montañas rocosas y pendientes. Las cabras madres vigilan a sus crías con mucha atención, y se quedan normalmente en la parte baja de la pendiente para recogerlas si caen. Cuando una cría tiene una caída, la madre grita con fuerza, corre hacia su retoño, y suavemente lo lame y lo cura.

- Si son atacadas, las jirafas pueden correr muy rápido, hasta alcanzar los 60 kilómetros por hora con sus patas de más de metro y medio. Sin embargo, en una ocasión que un león atacó una manada de jirafas que tenía una cría, la cría no podía correr tan rápido como las jirafas adultas. Su madre intentó empujarla con su nariz, pero la cría ya no podía correr más rápido. Así que la madre se detuvo y con mucho coraje se encaró con el león. Cada vez que el león intentaba atrapar a la joven jirafa, su mamá la protegía con sus patas delanteras. Después de una hora el león desistió y decidió buscar su alimento en otro lugar.

Y tú ¿que opinas? ¿Sentían estos animales el mismo tipo de amor y dedicación que sienten los papás y mamás humanos por sus hijos?

¿Cuál es tu experiencia? ¿Has visto alguna vez animales mostrando amor y dedicación a sus crías?

Amor romántico

El amor romántico es el afecto que comparten las hembras y los machos.

- Cuando un cuervo macho encuentra una hembra que le gusta, prepara pequeños trozos de comida con antelación y los esconde. Cuando aparece la hembra, él coge los trozos de comida, se acerca a ella y se los ofrece, emitiendo unos sonidos para animarle a aceptarlos. Si la hembra está interesada, agacha el cuerpo, recoge sus alas y acepta el ofrecimiento. Los cuervos pasan un período de "noviazgo" de un año aproximadamente. Durante este período, buscan alimento juntos, construyen conjuntamente el nido, se defiende juntos de sus atacantes y se cuidan entre ellos. En esta época de noviazgo, es posible que los cuervos cambien de pareja, en un intento de encontrar una compañera más adecuada. Pero una vez que el período de noviazgo ha concluido la pareja dura toda la vida, y los cuervos pueden llegar a vivir hasta 50 años.

- Un científico quería encontrar una pareja para una cacatúa macho que tenía enjaulada. Consiguió un bello ejemplar de cacatúa hembra con un precioso plumaje. El macho se negó en rotundo a relacionarse con la hembra. Incluso ignoraba totalmente su presencia. Tras una cuantas semanas, el científico consiguió una hembra más mayor. Le faltaban un montón de plumas y tenía el pico arrugado. La puso junto al macho dentro de la jaula. El macho reaccionó con gran interés y demostró haber encontrado el amor de su vida. Juntos tuvieron un montón de pequeñas cacatúas.

- Una pareja de glotones fueron vistos rodando por el suelo, jugando juntos. La hembra provocaba al macho y salía corriendo para que el macho la persiguiera. Si el macho no la seguía, ella volvía a acercarse y le daba golpecitos con su cadera. A pesar de que los glotones no son precisamente los animales más impetuosos, tiene su lado romántico, aunque sólo sea durante unos días al año.

Tú ¿qué opinas? ¿Se parece el comportamiento romántico de estos animales al de los humanos?

14

Los pingüinos emperador pasan la mayor parte del año separados de sus parejas. Cuando regresan a sus refugios de invierno en el Antártico, lo primero que hacen es buscar a su pareja entre los miles de pingüinos que, al menos para nosotros los humanos, parecen todos iguales. Se localizan unos a otros cantando. Cada pareja tiene su propia melodía. Cuando uno de ellos escucha la melodía de su pareja, la repite también y los dos se aproximan rápidamente. Se quedan uno frente al otro, agachan sus cabezas, y se apoyan entre si. Frecuentemente permanecen así apoyados durante horas.

En los bosques de Canadá, un indio Cree vivía de cazar zorros, vencejos y armiños. El indio almacenaba las pieles de los animales en su cabaña. Un día un glotón se comió todos los animales atrapados en los cepos, y destrozó sus pieles. El cazador conocía el viejo dicho que afirmaba que si aparece un glotón, o lo matas o el cazador debe abandonar la zona. Así que decidió matar al glotón. A la mañana siguiente, el cazador salió acompañado de su enorme perro lobo. Al poco tiempo, el perro comenzó a gruñir y se adentró en el bosque corriendo. Hubo un momento de gran conmoción: el perro y el glotón estaban peleando. El perro acabó malherido y murió al poco tiempo. El glotón se escapó. Con más decisión que nunca, el cazador comenzó a preparar cepos para glotones hasta bien entrada la tarde. Ese día decidió acampar bajo un gran árbol. Colgó sus raquetas para la nieve en el árbol y dejó la pistola a su lado. A la mañana siguiente, descubrió que sus raquetas habían sido destrozadas por el glotón. Como no podía regresar sin sus raquetas, decidió esconder todo su equipo y su pistola y dedicarse a buscar ramas de sauce para fabricar unas nuevas raquetas. Cuando regresó, descubrió que el glotón había destrozado su manta y se había llevado las cerillas y la pistola. Cuando el cazador llegó finalmente a su cabaña se encontró con que el glotón había entrado dentro, había deshecho todas las pieles, destruido sus pertenencias, y se había zampado o robado toda su comida.

Venganza

Ser vengativo es intentar devolvérsela a alguien que te ha hecho algún daño.

- Un adiestrador de un acuario había estado molestando en broma a *Ola*, una gran orca. El cuidador sabía que a *Ola* no le hacía ninguna gracia, pero continuó con la broma. Un día que la estaba molestando, *Ola* decidió que ya no podía más. Empujó al adiestrador hasta el fondo del acuario y lo retuvo allí. Les costó a los otros adiestradores más de cinco minutos conseguir que *Ola* lo soltara. Por suerte, el adiestrador llevaba el equipo de buzo, porque de lo contrario se habría ahogado. *Ola* no había hecho nunca nada semejante.

- En una reserva de animales salvajes, una jirafa estaba parada en mitad de un camino. Cuando el conductor de un coche tocó con fuerza la bocina para apartarla, la jirafa golpeó el coche y comenzó a darle patadas. En otra ocasión, un coche hizo sonar su bocina y dio señales son sus luces a dos jirafas que estaban en un camino. Una de las jirafas se apartó del camino, pero la otra pateó y destrozó el radiador del coche.

- Una pareja de golondrinas acaban de construir su nido. Un gorrión entró en el nido. Las golondrinas intentaron sacar al gorrión, pero el gorrión caradura no se dejó y ocupó el nido. Las golondrinas decidieron finalmente abandonar, pero al poco tiempo regresaron con todo un grupo de golondrinas. Cada una de las golondrinas colocó un poco de barro en el agujero del nido, sellando completamente su entrada. De esta manera, el nido se convirtió en una tumba para el gorrión.

- De entre los animales sin huesos, los pulpos son uno de los más inteligentes. Los científicos han conseguido adiestrarlos para salir de laberintos y para reconocer formas diferentes. Un científico intentó adiestrar a un pulpo para apretar una palanca que encendía una luz, pero el pulpo se negó a colaborar. Cuando el científico insistió, el pulpo rompió la palanca, metió la bombilla en el agua y lanzó agua a la cara del científico.

¿Cuál es tu experiencia? ¿Has visto alguna vez animales comportándose de forma vengativa?

¿Tú que opinas? ¿Por qué los seres humanos encargan a policías que les ayuden con sus problemas en lugar de vengarse ellos directamente?

Júbilo

El júbilo es un sentimiento de gran alegría.

- A las nutrias les encanta jugar, pelearse, perseguirse unas a otras y hacer como que se pelean. También juegan con cualquier animal juguetón, no sólo con otras nutrias. Uno de sus juegos favoritos es deslizarse hacia el agua. El padre es el que normalmente comienza el juego, recogiendo sus patas y deslizándose cabeza abajo por una pendiente de barro, y golpeando el agua con gran alboroto. La madre y las pequeñas nutrias le siguen después. Muchas familias de nutrias pueden pasarse horas jugando así. Las nutrias son normalmente amistosas, pero si es necesario también pueden ser unos de los luchadores más feroces del reino animal.

- Los pandas y los osos pardos bajan rodando por colinas, aparentemente con el único motivo de pasárselo bien.

- Los gorilas mecen a sus crías y se pelean con ellas de un modo parecido al de los humanos.

- Se ha visto cuervos rodando de espaldas y deslizándose por colinas nevadas.

- A las leonas marinas no parece importarles que sus crías jueguen con la comida. Frecuentemente lanzan al aire su pescado varias veces y los recogen con sus aletas antes de comérselo.

- En una ocasión se vio un colibrí jugar en una chorro de agua que salía de una manguera. Se posaba sobre el agua, cerca de la manguera, y se dejaba llevar. Justo antes de tocar el suelo, regresaba volando hacia la manguera, y volvía a dejarse llevar.

- Un circo ambulante acampó junto a un patio de recreo. Un pequeño elefantito vio a los niños balancearse en los columpios. El elefante no estaba atado, y se fue hacia el patio de recreo. Intentó sentarse en uno de los columpios. Por desgracia no había columpios del tamaño del elefante. Después de varios intentos, el pequeño desistió.

- Cuando el viento sopla con fuerza, algunas veces las ballenas del Sur salen a "navegar". Sacan sus aletas del agua y las levantan, haciendo que el viento las empuje como si fueran un barco. Cuando se aproximan demasiado a la costa, nadan mar adentro y vuelven a empezar. Pueden jugar así durante horas sin cansarse del juego.

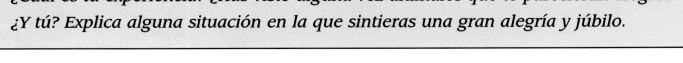

¿Cuál es tu experiencia? ¿Has visto alguna vez animales que te parecieran alegres?

¿Y tú? Explica alguna situación en la que sintieras una gran alegría y júbilo.

A los bisontes de Alaska les encanta patinar en los lagos helados. Por turnos, bajan corriendo por una colina hasta llegar al hielo. Ponen las patas muy rígidas y su rabo al aire y giran y giran. Cuando al final se paran, emiten potentes bramidos. Después, como si fueran niños, vuelven a hacer el camino de regreso hacia la cima de la colina para lanzarse otra vez.

Espíritu de colaboración

Ser colaborador es ayudar a alguien, especialmente con algo que no podría hacer solo.

- Un científico se sorprendió al ver dos ratas juntas, porque una de ellas cogía de la cola a la otra mientras ambas caminaban. El científico descubrió que la segunda rata estaba ciega y que la primera rata la estaba guiando. Otros observadores atestiguan haber visto ratones, ovejas e incluso peces guiando hacia el agua o el alimento a compañeros ciegos.

- Los científicos que estudian los murciélagos han comprobado que, con frecuencia, comparten la comida entre ellos. No la comparten con cualquiera. Normalmente la comparten con sus padres, hermanos u otros parientes. También comparten con sus vecinos, murciélagos que se posan a su lado, o con aquellos que les habían dado comida a ellos alguna vez.

- Los grajos mexicanos viven en bandadas de hasta veinte miembros. Muchas veces luchan y se pelean. Pero cuando las crías comienzan a salir del cascarón, dejan de pelearse y toda la bandada colabora en la cría de los polluelos. Los grajos que no tienen crías propias ayudan a alimentar a las crías de sus vecinos.

- Cuando un cuervo encuentra un animal muerto, vuela de regreso a la bandada y emite unos gritos. Esto indica a los demás que se ha encontrado comida. Después, todos siguen a su generoso vecino hacia el banquete.

- Los puerco espines africanos se ayudan entre ellos en el parto. Varias hembras permanecen con la madre cuando se prepara para dar a luz y le ayudan a parir y a limpiar al recién nacido. Las elefantas, los delfines hembras y las llamas también se ayudan durante el parto.

- En las manadas de elefantes, las abuelas y las tías cuidan con frecuencia de los pequeños elefantes.

Tú ¿qué opinas? ¿Cuál de estos animales ayudó porque se preocupaba y cuál de ellos lo hizo simplemente por instinto?

¿Y tú qué? Explica alguna situación en la que tú ayudaste a un animal o a una persona que necesitaba tu ayuda.

Cuando nace un bebé ñu no se puede tener en pie más de 15 minutos. Durante este período cualquier hiena, perro salvaje o león podría atacarlo y matarlo sin dificultad. En una ocasión acababa de nacer un pequeño ñu cuando apareció una gran leona y se acercó hacia la cría. Normalmente una manada de ñus saldría corriendo de miedo a la vista de un león hambriento. En esta ocasión, sin embargo, algunos de los ñus formaron una barrera entre la cría y la leona. La leona gruñía amenazadora a medida que se acercaba, pero los ñus no retrocedían. Finalmente, la leona dio media vuelta y se fue; no valía la pena pelear.

Decisiones democráticas

En una democracia, la gente toma las decisiones de forma conjunta, y elige a sus líderes.

● En una manada de monos japoneses el líder es normalmente el más fuerte y el que pelea mejor. Pero algunas veces la cosa no resulta tan sencilla. En un grupo de unos 300 monos, el viejo líder resultó herido y derrotado por un macho joven. Sin embargo, a la manada de monos no le gustó el nuevo jefe, y se negó a seguirle. El macho joven intentó imponerse pegando a los otros para que le obedecieran, pero aún así tampoco le siguieron. Este grupo demostró al menos que tenía algún derecho en cuanto a la elección de su líder.

● Cuando los cuervos han de volar una distancia larga, cada uno emite un sonido de entre dos alternativas posibles. Una llamada significa: "estoy cansado y quiero parar y descansar". La otra llamada dice: "quiero seguir volando". Cuando tres cuartos de todos los cuervos emite la señal de parar, toda la bandada se posa y descansa.

● Cuando un enjambre de abejas se separa de su colmena y la abandona junto con una nueva reina, miles de abejas deben buscar un buen lugar para instalar una nueva colmena o de lo contrario todo el enjambre moriría. De alguna manera, alrededor de 40 abejas son elegidas como exploradoras y son enviadas a la búsqueda de un lugar para la nueva colmena. Cuando regresan las exploradoras explican a las otras exploradoras el lugar que cada una ha elegido. Cada una de las abejas trata de convencer a las demás de que su opción es la mejor. Se forman pequeños grupos y cada uno de ellos trata de convencer a los otros. Mientras tanto, todo el enjambre espera, cada vez más hambriento. Normalmente las 40 abejas exploradoras tardan un día o dos en ponerse de acuerdo sobre la nueva localización. Entonces todo el enjambre se desplaza hacia su nuevo hogar.

● Un especie de hormigas de Sudamérica viaja en "ejércitos" de hasta veinte millones de hormigas. Cuando llegan a ser demasiadas, se dividen en dos grupos. Poco antes de que esto ocurra, aparecen varias posibles reinas. Sólo una de ellas se puede convertir en la reina del nuevo grupo. En lugar de pelear contra las otras candidatas, cada reina intenta convencer al resto de hormigas para que la sigan. Aquella que consigue atraer a la mayoría de hormigas se convierte en la nueva reina.

Tú ¿qué opinas? ¿Cuál de estos animales sabía que estaba escogiendo y cuál estaba probablemente actuando por instinto?
¿Cuál es tu propia experiencia? ¿Has observado animales comportarse de forma democrática?

Los perros de las praderas viven en "ciudades", y tienen un "alcalde" elegido por ellos. Si un joven perro de la pradera quiere convertirse en líder tiene que convencer a los otros para que le permitan tomar el mando. El joven no puede simplemente derrotar al anterior líder en una pelea porqué incluso si ganara, los otros perros de la pradera podrían decidir seguir al antiguo alcalde a una nueva zona y empezar una nueva ciudad.

Así que el ambicioso joven necesita hacer campaña a su favor. Lo hace comportándose de forma amistosa con los demás perros de la pradera, e intentando caerles mejor que el anterior alcalde. Al final, cuando cree haber convencido a la mayoría, desafía al líder, que debe aceptar el reto y luchar o abandonar la ciudad, con la esperanza de que los otros le sigan.

Ingenio

Ser ingenioso significa ser inteligente y sobre todo ser capaz de encontar una nueva forma de hacer algo.

● Un grajo vio una vez cómo dos hombres pescaban a través de un agujero hecho en el hielo. Los hombres habían preparado su aparejo de pesca de tal manera que cuando un pez picaba se levantaba una bandera roja. Así cogían el pez y ponían más cebo en el aparejo. Después de observarlos durante un buen rato, el grajo decidió que era su turno. La siguiente vez que la bandera roja se elevó, el grajo se acercó al agujero, cogió el aparejo con el pico y estiró. Los atónitos pescadores vieron cómo el grajo tiraba del aparejo una y otra vez. Repitió este movimiento hasta que el pez apareció sobre el hielo. Los pescadores se quedaron sin habla mientras veían cómo el grajo se apropiaba del pez para su cena.

● En ocasiones se han visto cuervos, que son ejemplares grandes de la familia de los grajos, que guiaban lobos o coyotes hacia los cadáveres de animales de piel muy dura que ellos solos no podían atravesar con sus picos. Una vez que el coyote o el lobo abre la piel y come, el cuervo toma su turno. Algunos cazadores afirman que los cuervos les han guiado hasta ciervos o alces con la supuesta idea de que los cuervos podrían quedarse con una parte una vez cazados los animales.

● Un acuario de San Francisco tenía el problema de que la gente arrojaba basura a la piscina de los delfines. Uno de los adiestradores tuvo una idea para solucionar el problema. Adiestraron a los delfines para que recogieran la basura y se la entregaran a los cuidadores. Los delfines recibían un pez por cada desperdicio entregado. El plan funcionó de maravilla. A los delfines les encantó el juego. Pero una vez un delfín espabilado encontró en el fondo del tanque una gran bolsa de papel y no se quiso conformar sólo con un pez. Rompiendo la bolsa en pequeños trozos consiguió varios peces, hasta que el entrenador se dio cuenta del truco.

● Los pelícanos han descubierto un modo sencillo de pescar. Un grupo de pelícanos se juntan y nadan hacia la costa formando un semicírculo y haciendo todo el escándalo que pueden. De esta manera asustan a los peces y los van conduciendo hacia la playa. Cuando los pelícanos llegan a aguas poco profundas comienzan a chapotear uno al lado del otro, agitando las alas. De esta manera los peces son presa fácil para los grandes picos de los pelícanos.

Tú ¿qué opinas? ¿Estaban pensando estos animales de la misma manera que piensan los humanos? ¿Cuál es tu experiencia? ¿Has observado alguna vez animales comportándose de una manera especialmente inteligente?

Una noche un mono rhesus logró escapar de la jaula de los monos y chimpancés en el zoológico del Bronx. Pasaron varios días hasta que los guardas consiguieron atraparlo en un parque próximo. Los guardas del zoológico inspeccionaron la jaula en profundidad pero no pudieron descubrir cómo había conseguido escaparse. Convencidos de que no podría escapar de nuevo, dejaron al mono en su jaula. A la mañana siguiente el mono había desparecido otra vez. El prófugo fue capturado de nuevo, y una vez más los guardas revisaron la jaula buscando las posibles vías de escape. Como fueron incapaces de encontrar ninguna escapatoria, uno de los guardas se quedó vigilando toda la noche. Para el guarda, estaba resultando una noche muy aburrida vigilando un mono dormido. Entonces, al alba, el mono sacó una banana que había escondido el día anterior y se dirigió hacia el foso lleno de agua que separaba la zona de los monos y chimpancés del área de los alces. Hizo ondear la banana adelante y atrás en dirección a un gran alce que se encontraba al otro lado del foso. Al poco tiempo el alce llegó nadando donde se encontraba el mono. Después de darle la banana, el mono saltó a la espalda del alce, que le condujo al otro lado del foso, desde donde era muy fácil escapar.

A dos chimpancés llamados *Sherman* y *Austin* se les enseñó el significado de unos cien símbolos que se correspondían con otras tantas palabras. Después se les adiestró para utilizar el teclado de un mini ordenador que contenía esos símbolos. Los científicos querían saber si los chimpancés serían capaces de comunicarse entre ellos utilizando los símbolos del teclado. Colocaron una pantalla y un teclado de ordenador en cada una de las habitaciones de los dos chimpancés, que estaban una junto a la otra. Mientras *Austin* estaba ausente, los científicos colocaron en presencia de *Sherman* comida en una caja y la cerraron con una llave. Después dejaron la caja en la habitación de *Sherman* y la llave en la de *Austin*. Cuando *Austin* regresó a su habitación, *Sherman* tecleó los símbolos que significaban "por favor, *Austin*, dame la llave". *Austin* leyó el mensaje, encontró la llave y se la dio a *Sherman* que abrió la caja y compartió la comida con *Austin*.

Comunicación

Comunicarse es transmitir algo a alguien, normalmente mediante la escritura, el habla, los sonidos, las expresiones de la cara o los movimientos del cuerpo.

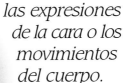

- A *Koko*, una joven gorila se le enseñaron aproximadamente 600 palabras en el lenguaje de los signos. Un día, cuando su instructora estaba intentando demostrar a un visitante lo inteligente que era *Koko*, la gorila se negó a colaborar. Cuando le pedían que señalara una parte de su cuerpo, ella enseñaba otra diferente.

  "Gorila mala", le dijo su instructora por señas. "Gorila chistosa", le contestó *Koko*, con una sonrisa.
  Cuando uno de sus instructores se comporta como un tonto, *Koko* dice por señas "Eso gracioso".

- Un chimpancé hembra llamado *Lana* también reconoce palabras utilizando un teclado de ordenador. Incluso ha aprendido a leer las frases que ella misma ha escrito. En una ocasión, ella quería una naranja que estaba comiendo su instructora. *Lana* conocía la palabra "manzana" y sabía también que naranja es un color, pero no le habían enseñado que naranja es también el nombre de una fruta. Cuando le enseñaron la naranja, el chimpancé tecleó, "Por favor, dar manzana que es naranja". Otro chimpancé, llamado *Washoe* se inventa palabras. Se refiere al melón de agua como fruta beber, y al cisne como pájaro agua. A un mono que no le caía bien lo llamaba "mono sucio".

- Un loro gris africano ha aprendido a decir más de cien palabras en la Universidad de Arizona. Sabe contar hasta 6 y puede distinguir los objetos grandes de los pequeños y de qué color son. Si el loro muerde a una persona, su adiestrador le dice: "Chico malo", y le deja solo. El loro le replica: "Ven aquí. Lo siento".

- Los delfines se comunican entre ellos mediante 18 sonidos diferentes como mínimo. En una prueba un delfín utilizó silbidos y golpecitos para indicar a otro delfín que debía apretar una palanca para recibir comida.

- Los cuervos utilizan al menos 50 sonidos diferentes para comunicarse entre ellos. Las gaviotas tienen hasta 60 llamadas diferentes.

Tú ¿qué opinas? ¿Se comunican estos animales de la misma manera que nos comunicamos los humanos?

¿Cuál es tu experiencia? ¿Has visto alguna vez animales comunicándose entre sí?

Amor a la belleza

Amar la belleza es sentir una profunda paz y alegría a través de algo que es bello, como la naturaleza, el arte o la música.

- En muchas especies de pájaros, el macho atrae a la hembra con su plumaje de colores vivos. Los machos de las aves del paraíso no tienen un plumaje de colores, pero en su lugar se dedican a decorar algunas áreas especiales, llamadas emparrados, debajo de árboles y arbustos. Utilizan flores, semillas, bayas, plumas, conchas y cualquier objeto de colores que encuentren para embellecer su emparrado. Algunas aves del paraíso machacan bayas para fabricar pintura, arrancan trozos de corteza de los árboles para hacer pinceles, y pintan su emparrado. Frecuentemente se alejan para observar el resultado, como un artista que no está del todo satisfecho, y después reorganizan parte de su montaje. Las hembras de esa especie parece que eligen su pareja en función de su opinión sobre el emparrado.

- A muchos monos y chimpancés parece que les gusta pintar. Un chimpancé pedía a sus visitantes papel y lápiz, y llegaba a apreciarlos más que la comida. Se sentaba en un esquina y dibujaba. Otro chimpancé se ponía furioso si alguien le interrumpía antes de acabar su dibujo.

- Un hombre llamado Gerald Durrell tenía una paloma amaestrada a la que le encantaba la música. La mayor parte del tiempo la escuchaba atentamente arrimada al tocadiscos. Sin embargo, cuando sonaba una animada marcha se arrullaba y se balanceaba adelante y atrás. Si era un vals lo que sonaba, se mecía suavemente, se inclinaba y giraba al compás de la música.

- Las ballenas jorobadas y las ballenas del sur son los únicos animales que se sabe que cantan canciones de verdad como los humanos. Algunas de sus canciones pueden durar hasta media hora. Todas las ballenas de una manada cantan la misma canción. Sólo cantan durante seis meses al año. Durante esos seis meses añaden nuevas canciones a su repertorio y modifican otras. Cuando al año siguiente vuelven a cantar, comienzan con la misma canción con la que despidieron el año anterior. Algunos científicos se preguntan si estas canciones cuentan alguna historia.

- A un gorila que estaba aprendiendo el lenguaje de los signos parece que le encantaba la música de Pavarotti, el famosos intérprete de ópera. Incluso prefería quedarse y no salir fuera a jugar cuando había una programa en el que cantaba Pavarotti. También le gustaba hacer sonidos con tuberías y cuerdas.

Tú ¿qué opinas? ¿Apreciaban estos animales la belleza y la música o había otras razones para su comportamiento?

¿Y tú? Explica algunos paisajes y sonidos de la naturaleza que te gusten especialmente.

Una tarde poco antes de la puesta del Sol se pudo ver a un chimpancé subir a una colina sobre un bello lago en la reserva de Gombe, en África. Poco después, otro chimpancé le siguió. Los dos chimpancés se saludaron con suaves gruñidos. Cogidos de la mano, se sentaron y observaron la puesta de Sol sobre el lago. También se ha visto a osos observando la puesta del Sol silenciosamente.

Fuentes

Animal Can Be Almost Human, The Reader's Digest Association, 1979: ganso fiel.

Crows, Jays, Ravens and Their Relatives de Sylvia B. Wilmore, Eriksson, 1977: cuervo romántico.

Elephant Memories: Thirteen Years in the Life of an Elephant Family de Cynthia Moss, William Morrow, 1988: elefantes en duelo.

Fish Facts and Bird Brains: Animal Intelligence de Helen Sattler, Lodestar Books, 1984: padre pez joya preocupado; ballenas juguetonas; grajo inteligente; ballenas musicales; delfín inteligente; chimpancé comunicativo; coyotes tramposos; gorila burlón.

Friendly Beast de Vitus B. Droscher, Dutton, 1979: cuervo jefe en duelo; mono inteligente; castor tramposo.

Good Natured de Frans de Waal, Harvard Univerity Press, 1996: ballenas asesinas fieles; gorila tramposo.

Just Like An Animal de Maurice Burton, Charles Scribner's Sons, 1978: elefantes abandonados apenados; ratas colaboradoras; cuervos juguetones.

Marvels and Mysteries of Our Animal World, The Reader's Digest Association, 1964: cigüeña madre protectora; ballenas leales; cisnes leales; madre elefanta preocupada; glotón vengativo; águilas protectoras de sus crías.

My Family and Other Animals de Gerald Durrell, Penguin Books, 1977: palomas aficionadas a la música.

Our Amazing World of Nature: Its Marvels and Mysteries, The Reader's Digest Association, 1969: grajo compasivo; golondrinas vengativas.

Real Animal Heroes de Paul Drew Stevens, New American Library, 1988: hipopótamo compasivo; toro almizcleño protector.

Through Our Eyes Only? de Marian Stamp Dawkins, W.H. Freeman, 1993: babuinos tramposos; murciélagos generosos.

When Elephants Weep de Jeffrey Moussaieff y Susan McCarthy, Delacorte Press, 1995: chimpancés compasivos; delfines fieles; madre jirafa protectora; chimpancé en duelo; loro romántico; ballenas vengativas; bisontes juguetones; loro disculpándose; chimpancés amantes de la naturaleza; loros aficionados a Pavarotti.

Davıd Rıce , cuando tenía siete años, observó cómo un perrito intentaba despertar a su madre que acababa de morir atropellada por un coche. Mientras contemplaba los desesperados esfuerzos del cachorro, David quedó marcado por la profundidad de su tristeza y de su dolor. A lo largo de toda su vida su interés por los sentimientos tanto humanos como animales se ha puesto de manifiesto en sus otros libros, *Lifetimes* y *Because Brian Hugged his Mother,* publicados por Dawn Publications. *Lifetimes* describe los ciclos vitales de la naturaleza más cortos, los más largos y los más sorprendentes y las lecciones que podemos aprender de ellos. *Because Brian Hugged His Mother* nos demuestra cómo una reacción en cadena provocada por un simple abrazo puede extenderse a toda una escuela y a una comunidad.

Trudy Calvert creció en un área rural y boscosa, cerca de una arroyo, donde sus primeros amigos fueron renacuajos, pececillos, patos, ardillas y serpientes. Crió un tordo, y más tarde un cachorro de coyote que había sido atropellado por un coche. Como profesora de arte, y ahora como artista, Trudy siente pasión por la naturaleza y los animales. Fue presidenta de la asociación Indiana Wildlife Artists, un grupo que se dedica a la promoción del arte de la vida salvaje. Con frecuencia percibe los sentimientos de los animales y les responde sin necesidad de palabras.